VOLUME 80

O MOMENTO INAUGURAL DO UNIVERSO

SEGUNDA EDIÇÃO

Carlos L Partidas

Número de depósito legal: MI2022000613

ISBN: 979 8368 0494 72

REGISTRO DE PROPRIEDADE INTELECTUAL SAPI: NÃO. 8074 DO
COMPÊNDIO A QUÍMICA DAS DOENÇAS
REPÚBLICA BOLIVARIANA DA VENEZUELA, 07/05/2010

DEDICAÇÃO

À MEMÓRIA DO FÍSICO E MATEMÁTICO BRITÂNICO PAUL ADRIEN MAURICE DIRAC. PAUL DIRAC PREVIU MATEMATICAMENTE A FORMAÇÃO DE UM MONOPÓLO MAGNÉTICO. O MONOPOLO MAGNÉTICO FORMADO NO MOMENTO DA INAUGURAÇÃO DO GRANDE UNIVERSO

ÍNDICE

Capítulo		Página
1	A CIÊNCIA E A RELIGIÃO NA HISTÓRIA	1
2	NO NADA NÃO HÁ NADA	20
3	A ENERGIA QUE ACIONA	35
4	O UNIVERSO NÃO FOI CRIADO	47
5	VAMOS CELEBRAR O NASCIMENTO DO UNIVERSO	65

RECONHECIMENTO

À RELATIVIDADE E ÀS TEORIAS DO BIG BANG DE ALBERT EINSTEIN E GEORGES HENRY JOSEPH ÉDOUARD LEMAÎTRE. AS TEORIAS DA RELATIVIDADE E DO BIG BANG ATINGEM SEU PONTO FINAL, QUANDO ANALISAMOS QUE A MATÉRIA ELETRÔNICA E A MASSA MAGNÉTICA DO UNIVERSO FORAM FORMADAS PELO MOVIMENTO DE UM ALMATRINO. DO PONTO DE VISTA DA RELATIVIDADE, TUDO NO UNIVERSO É ABSOLUTO. E DO PONTO DE VISTA DA TEORIA DO BIG BANG, SERÁ IMPOSSÍVEL PARA O UNIVERSO VOLTAR AO SEU PONTO INICIAL; JÁ QUE, PRECISAREMOS DE MAIS ENERGIA PARA TRAZER O UNIVERSO DE VOLTA DO NADA

Capítulo 1

A CIÊNCIA E A RELIGIÃO NA HISTÓRIA

Os religiosos baseiam sua devota crença no que a imaginação filosófica estabelece; que é o que tem levado ao costume de uma mitologia que a maioria dos seres humanos entende. O pensamento filosófico é mais fácil de entender ou compreender do que a análise científica. Entretanto, a análise científica é mais lógica do que uma suposição filosófica. A análise filosófica gera uma cultura devota que se espalha rapidamente através de uma crença baseada na fé em algo que não pode ser visto fisicamente. Assim, o conceito místico de Deus tornou-se arraigado em pessoas religiosas que não tentam saber como é o raciocínio do conhecimento científico. Isto gera uma idéia mística no devoto que a transmite ao resto dos seres humanos; por exemplo, uma criança nascida em uma família devota baseia sua crença mais no que seus pais lhe dizem do que no que o raciocínio científico estabelece. Pois, para analisar um fenômeno de forma filosófica, não é necessária nenhuma preparação científica. Enquanto que o raciocínio através do conhecimento científico requer a evolução do espírito;

e, no final, o conhecimento científico é mais fácil de entender do que o conhecimento filosófico; pois, o conhecimento científico se baseia numa explicação lógica dos eventos que levam à razão de como o grande Universo foi formado. A análise científica será mais fácil de entender porque o pensamento científico é baseado na lógica e na experiência.

Uma vez perguntaram a Paul Dirac qual era a diferença entre escrever um argumento científico e escrever poesia. Ao que Paul Dirac respondeu: "...na ciência, você tem que explicar algo que as pessoas não sabem, enquanto que quando você escreve poesia, todos a entendem".

Ou o caso de Charly Chaplin quando ele conheceu Albert Einstein e Albert Einstein disse a Charly Chaplin: "...eu queria conhecê-lo, porque em seus filmes você não diz nada, mas todos o entendem". E Charly Chaplin lhe disse: "...eu queria conhecê-lo, porque em seus filmes você não diz nada, mas todos o entendem": "...e eu queria conhecê-lo, porque ninguém o entende, mesmo que você diga muito".

É por isso que os livros do gênero ficção são mais amplamente distribuídos do que os livros que geram conhecimento científico. Ler um livro científico é mais difícil de entender, mas uma vez compreendido o argumento científico, ele gera uma paixão por querer aprender, ou seja, pelo conhecimento do que é lógico. Já um livro de fantasia é baseado na expectativa. Quando a maioria das pessoas lê um livro científico, isto não representa uma expectativa, mas um tédio. Um livro escrito de forma filosófica contém uma expectativa, ou seja, um argumento místico que gera um mistério, que é mais fácil para o leitor compreender e adaptar seu modo de pensar à crença de uma filosofia. Isto é o que tem levado à existência de muitas religiões, enquanto a ciência exata tem um único argumento através da demonstração da teoria. Portanto, levará mais tempo para mudar o modo de pensar humano, mas a razão científica tem argumentos mais sólidos do que uma suposição filosófica. O conhecimento científico deve superar a expectativa de uma fantasia.

Estes livros estão sendo apontados de forma negativa, mas sem qualquer argumento científico por parte de pessoas religiosas, porque estes livros não estão de acordo com o pensamento religioso. Entretanto, devemos deixar aos leitores a livre decisão de sua forma de pensar, pois o pensamento pode ser religioso ou científico, mas cada um deve ter seus argumentos. Pensar requer apenas discernimento, ou seja, raciocínio. Mas o raciocínio tem dois lados: o lado científico e o lado religioso. Assim, o raciocínio não pode ser dirigido apenas pela forma religiosa ou científica, pois todos nós precisamos aplicar a lógica científica ou religiosa.

A lógica científica só é fornecida pelo conhecimento e pela experiência. O pensamento filosófico é produzido porque não há nenhuma prova experimental para apoiar o que se pensa.

A idéia de ciência experimental surge a partir da análise do cientista britânico Francis Bacon. Francis Bacon confrontou as idéias filosóficas de Aristóteles, porque as idéias filosóficas de Aristóteles não contêm um argumento científico que possa ser demonstrado pelo experimento. Poderíamos dizer que a ciência experimental começa com as idéias científicas do britânico Francis Bacon.

Da mesma forma, podemos dizer que a doutrina do pensamento religioso começa com as idéias filosóficas do pensador grego Claudius Ptolemy. Cláudio Ptolomeu considerava filosoficamente o centro do Universo como a Terra, até que o matemático Aristarco de Samos foi capaz de calcular matematicamente o tamanho do Sol. Aristarco calculou de forma mais científica que o Sol era 20 vezes maior que a Terra. Esta teoria de Aristarco é uma equação matemática, cujo resultado não pode ser provado experimentalmente; mas, pode ser aceita de forma científica, pois o cálculo foi feito de forma analítica utilizando uma ferramenta científica, que foi representada neste caso pela matemática. Mas, então, a matemática foi assumida por filósofos para fazer com que os pensamentos filosóficos parecessem mais científicos, embora sem qualquer lógica.

Logicamente, um corpo maior não pode estar girando em torno de um corpo menor. Com maior precisão matemática, sabe-se agora que o Sol é 1.330.000 vezes maior do que a Terra. O Sol ainda está crescendo desde seu ponto de partida. Mas, não foi que o Sol aparecesse de repente no firmamento pela pronunciação de algumas palavras mágicas procuradas por um argumento filosófico.

O processo de crescimento do Universo desde seu momento inaugural está em curso há 13,8 bilhões de anos; mas, este crescimento do Universo não pode ser interrompido.

O que hoje podemos classificar como perfeição deve-se à adaptação do arranjo de cargas eletrônicas no tempo decorrido. Mas, temos a percepção de que foi alguém perfeito que criou esta perfeição. A disposição das cargas eletrônicas é perfeita, porque é uma disposição lógica, que se baseia em um ajuste que as cargas eletrônicas estão fazendo. Estes arranjos das cargas eletrônicas de matéria eletrônica aconteceram e continuarão a acontecer no Universo, mas não seremos capazes de ver estas adaptações das cargas eletrônicas no curto período de nossa vida física na Terra. Além disso, estes arranjos de carga eletrônica ocorrem em uma escala muito pequena, então teríamos que observar durante toda a vida com um microscópio para poder ver estas mudanças acontecendo com a matéria eletrônica.

Por exemplo, o corpo físico dos seres vivos neste momento de existência nos parece ser a perfeição. Parece que foi alguém que criou tal perfeição; no entanto, o corpo físico é uma adaptação que vem ocorrendo há milhões de anos. A perfeição do corpo físico é o resultado de um número infinito de mutações feitas pelas cargas eletrônicas; ou seja, a disposição funcional das diferenças nas cargas eletrônicas que são dispostas espacialmente entre os núcleos e os elétrons.

A diferença de tamanho entre o Sol e a Terra gerou a idéia do heliocentrismo, pois naquela época, o Sol era conhecido como o deus Helios na mitologia gerada pelos filósofos gregos.

A idéia fundamentada do heliocentrismo foi tomada de forma mais científica pelo astrônomo polonês Nicolaus Copérnico. A idéia do heliocentrismo é considerada como uma das primeiras teorias da história da ciência. Entretanto, a idéia do geocentrismo de Claudius Ptolomeu já havia se enraizado na doutrina da Igreja Católica, já que o livro de Nicolaus Copérnico foi incluído no index librorum prohibitorum. Ou seja, o livro escrito por Nicolaus Copérnico que continha a idéia do heliocentrismo estava na lista das publicações cuja leitura a Igreja Católica considerava sacrilégio.

Assim, a leitura do livro de Nicolaus Copérnico por aqueles devotos que procuravam uma explicação mais científica de como aconteceu a formação do Universo, para a minoria dos principais líderes da Igreja Católica que lideravam um grande número de devotos, este livro representava uma imoralidade que afetava o cultivo da fé católica. Portanto, a leitura dos livros desta lista era proibida para os devotos do catolicismo. Aparentemente, somente os devotos que tentaram ler os livros desta lista de hereges foram penalizados pela excomunhão.

A lista dos livros proibidos pela Igreja Católica foi promulgada a pedido do Concílio de Trento pelo Papa Pio IV em 24 de março de 1564. Mas o Papa Paulo VI começou a reformar a maneira de agir da Igreja Católica; portanto, o Papa Paulo VI suprimiu a publicação das seguintes edições dos livros proibidos pela Igreja Católica. Talvez porque o Papa Paulo VI a considerasse uma lista absurda.

Em 4 de novembro de 1992, o Papa João Paulo II disse o seguinte: "...o erro dos teólogos da época, quando mantinham a centralidade da Terra, era pensar que nossa compreensão da estrutura do mundo físico era de alguma forma imposta pelo sentido literal da Sagrada Escritura".

Em janeiro de 2008, estudantes e professores protestaram contra a visita do Papa Bento XVI à Universidade La Sapienza, escrevendo em uma carta sobre os pontos de vista expressos pelo Papa Bento XVI que ofendiam a memória do grande cientista italiano Galileu Galilei. A carta diz: "...eles nos ofendem e nos humilham como cientistas leais à razão; e como professores que têm dedicado nosso modo de vida ao avanço e à difusão do conhecimento".

A lista do livro dos hereges não poderia ser sustentada pelo avanço da lógica científica; é por isso que, 359 anos depois, o Papa João Paulo II pede desculpas em nome da Igreja Católica, às idéias do cientista italiano Galileu Galilei. Em outras palavras, 359 anos mais tarde, a Igreja Católica retrata a condenação da retração à qual o grande cientista italiano Galileu Galilei foi forçado. Galileu Galilei se retraiu para evitar ser queimado vivo na fogueira, mas ele não podia duvidar do que estava vendo através de seu pequeno telescópio.

O erro de Nicolaus Copérnico foi considerar que as órbitas que descrevem as trajetórias das estrelas no Universo eram circulares. Até que o astrônomo e matemático alemão Johannes Kepler revolucionou a análise científica. Kepler determinou que as órbitas das trajetórias das estrelas no Universo são elípticas. Digamos que a dedução de Johannes Kepler era lógica, pois se baseava na observação natural dos cristais de neve que caíam sobre o casaco de Kepler no inverno. Os flocos de neve são cristais que têm uma geometria hexagonal. Da mesma forma, as abelhas, apesar de serem consideradas insetos pouco razoáveis, constroem seus favos de mel em forma hexagonal, porque a forma hexagonal otimiza o espaço físico e economiza a quantidade de cera. Se ao invés de hexagonais, os favos das abelhas fossem circulares, mais cera teria que ser utilizada. Podemos dizer que esta foi uma decisão lógica por parte das abelhas, porque um hexágono é seguido por outro hexágono, o que significa que a quantidade de cera não é desperdiçada. As laranjas na frutaria podem ser empilhadas em forma de pirâmide por um vendedor de frutas.

A observação de como empilhar laranjas também se deve a Johannes Kepler, quando Kepler foi perguntado como as bolas de canhão poderiam ser empilhadas no armazém de um navio para que as bolas de canhão ocupassem menos espaço físico. Johannes Kepler respondeu: em forma de pirâmide. Uma pirâmide é composta de vários hexágonos e os hexágonos empilhados formam uma geometria elíptica.

Em outras palavras, para ser um cientista, a primeira qualidade é a imaginação, e ter acuidade suficiente para captar através da observação como são as formas naturais. Pois, as formas naturais ocorrem logicamente; portanto, as formas naturais são espontâneas. Só precisamos ter imaginação suficiente para projetar formas naturais na lógica de uma teoria. Por exemplo, suponha como os eventos aconteceram nos últimos 13,8 bilhões de anos; e como os eventos acontecerão em um futuro que está além do mais infinito.

O infinito negativo está no ponto zero, porque localizamos o ponto zero do Universo; e devemos passar do ponto zero para outro ponto que está localizado no infinito positivo. Antes do ponto zero nada existe; o que quer que possa existir antes do ponto zero será virtual de uma perspectiva matemática.

Edmund Halley era um amigo de Isaac Newton e foi capaz de calcular matematicamente a trajetória elíptica de um cometa. Edmund Halley foi capaz de determinar matematicamente e vendo as estrelas como pontos, que o cometa em análise passou pelo mesmo lugar em sua trajetória elíptica ao redor do Sol a cada 75 anos. Este cometa, que muito poucos humanos verão duas vezes em sua vida transitória, recebeu o nome de seu descobridor. Eles o chamaram de cometa Halley. Por exemplo, Edmund Halley não pôde ver seu cometa uma segunda vez.

Portanto, o Universo tem uma geometria esférica, porque é a única maneira de ter um número infinito de partículas se movendo elípticamente. As trajetórias elípticas impedem a colisão de duas ou mais partículas. Ou seja, no mundo macro que foi formado a partir do mundo micro, podemos ter várias estrelas movendo-se elípticamente através de um Universo que tem geometria esférica com a mesma quantidade de energia.

O Universo tem forma esférica; uma vez que apenas as trajetórias descritas pelas estrelas ao se moverem através do Universo são elípticas.

Para que uma estrela viaje ao longo de uma órbita elíptica, a estrela deve girar em torno de si mesma. O núcleo do cometa Halley, por exemplo, gira ao seu redor a cada 50 horas a fim de seguir seu caminho elíptico, que leva 75 anos para viajar ao redor do núcleo do grande planeta Sol. As órbitas elípticas não têm uma velocidade de trajetória constante, pois uma elipse é um círculo achatado.

Portanto, devemos assumir que, para as partículas elementares, esta velocidade de rotação é maior que a velocidade de translação dos fótons de luz. Mas foi um erro Albert Einstein cometeu quando considerou que nenhuma partícula pode se mover mais rápido do que a velocidade de um feixe de fótons que forma a radiação eletromagnética da luz. Albert Einstein confundiu a velocidade de rotação da luz com a velocidade de translação. Mas, não podemos pensar que os fótons não girem ao redor deles mesmos para se moverem.

As radiações de luz contêm matéria eletrônica, mas a luz não contém massa magnética. A massa magnética, por não ter matéria eletrônica, pode se mover mais rapidamente do que a luz. O movimento da energia eletrônica cria energia magnética. A energia eletrônica pode ser integrada como matéria eletrônica quando a energia eletrônica se move muito rápido. Devido à alta velocidade de rotação da energia eletrônica, foram formados núcleos eletrônicos positivos e elétrons eletrônicos negativos. Os núcleos positivos podem ser ainda mais integrados; mas, a integração será espacialmente com os elétrons negativos para formar uma infinidade de materiais eletrônicos. As forças que motivam estas integrações a acontecer são as diferenças nas cargas eletrônicas, e os físicos chamam estas forças de integração de bósons.

Se a velocidade da luz eletrônica movendo-se a 300.000 quilômetros por segundo fosse suficiente para converter a energia do Universo em matéria eletrônica, o Universo seria sólido; ou se fosse, o Universo teria se tornado uma única rocha.

Mas, como já mencionado, a massa magnética não contém matéria eletrônica; portanto, a massa magnética pode mover-se mais rapidamente do que a luz.

Foi a família Einstein (para incluir Mileva Marić) que continuou a confusão de que a massa magnética é igual à matéria eletrônica. A massa magnética ocupa um lugar no espaço; mas, a massa magnética não tem peso; pois, a massa magnética não contém matéria eletrônica em absoluto. A matéria eletrônica tem peso; portanto, o peso da matéria eletrônica dependerá da força exercida pela gravidade, que é produzida pelo fluxo de energia eletrônica a partir dos núcleos das estrelas. Portanto, o peso da matéria eletrônica é diferente em cada ponto ou lugar do Universo, e não existe, por exemplo, um graviton.

O peso da matéria eletrônica é uma função da força atrativa exercida pela matéria eletrônica sobre os núcleos eletrônicos, já que a força atrativa é espacialmente entre os núcleos positivos da matéria eletrônica e a matéria negativa dos elétrons. É por isso que núcleos como o sol são mais maciços do que os satélites do sol representados pelos planetas. O Sol é um núcleo eletrônico; enquanto os planetas são negativos e compensam com sua carga negativa a carga positiva do Sol. Por exemplo, a carga negativa flui da Terra para o Sol. Os planetas que giram em torno do núcleo do Sol devem ser chamados de satélites do grande planeta Sol.

A massa magnética não tem peso, porque a massa magnética não tem núcleos e não tem elétrons, ou seja, a massa magnética não contém matéria eletrônica. Portanto, a massa magnética não muda com o tempo. Por estar integrada sem núcleos e elétrons, a massa magnética forma uma estrutura mais estável que a matéria eletrônica, ou seja, a massa magnética não pode ser disposta espacialmente, ou da mesma forma que a matéria eletrônica.

Talvez, o cometa Halley consiga compensar com sua carga espacial negativa a carga positiva do grande núcleo positivo do Sol. O cometa Halley não se funde com o Sol, porque a atração da matéria eletrônica é espacialmente. O cometa Halley só poderia ser consumido pelos satélites negativos que orbitam o núcleo do planeta do Sol; mas as cargas do mesmo sinal eletrônico se repelem mutuamente. Portanto, o cometa Halley é repelido pelos satélites do Sol, que chamamos de planetas. O cometa Halley é negativo; mas, o cometa Halley está ligado espacialmente ao núcleo do Sol pela diferença entre as cargas eletrônicas. Por exemplo, a corrente eletrônica viaja dos planetas negativos para o núcleo do Sol. A corrente negativa flui do satélite Terra em direção ao grande núcleo do Sol.

Mas, finalmente, o instrumento científico apareceu com o grande astrônomo italiano Galileu Galilei. Galileu Galilei pôde observar com seu pequeno telescópio que o centro do Universo não era nem a Terra nem o Sol. Entretanto, a igreja católica já tinha outra forma de condenar os perpetradores e salvar os devotos. Portanto, a Igreja Católica havia acrescentado a pena máxima da Inquisição ao índice librorum prohibitorum, para queimar os autores vivos e salvar os leitores devotos que procuravam uma explicação mais lógica. Pois os clérigos não conseguiam encontrar uma maneira de deter o avanço lógico da ciência. Assim, a Igreja Católica decretou a pena máxima da Inquisição para queimar vivo o autor e os livros contendo as idéias do autor.

O supremo católico não queria observar o Universo através do pequeno telescópio de Galileu Galilei. Galileu Galilei foi salvo da estaca, porque Galileu Galilei era um amigo do Papa; mas, uma condição que o Papa imporia a Galileu Galilei para não ser queimado na estaca seria que Galileu Galilei retraísse a heresia que Galileu Galilei estava fazendo através de um telescópio contra o pensamento filosófico da Igreja Católica. A idéia prática de um telescópio seria mais fácil de ser implantada na mente dos cientistas.

Galileu Galilei escreveu seu pensamento em um livro chamado: "Diálogo sobre os dois sistemas mais altos do mundo". Entretanto, prevendo a pena da Inquisição, Galileu Galilei não quis publicar seu livro na Itália. Galileu Galilei publicou seu livro na Holanda, porque a publicação do livro foi para salvar o pensamento científico, que permaneceria impresso na história da ciência experimental, porque o livro foi salvo da queima imposta pela Igreja Católica na Itália com a Inquisição. Galileo Galilei usou estrategicamente o diálogo entre três personagens fictícios, Salviati, Sagredo e Simplicio, para escrever seu livro.

Assim, devido a esta suspeita de Galileu Galilei, a Igreja Católica não conseguiu queimar o livro "Diálogo sobre os dois sistemas mais altos do mundo". Eles também não queimaram a idéia de Galileu Galilei sobre o telescópio; assim, agora temos uma réplica mais sofisticada do telescópio de Galileu: o telescópio James Webb que foi lançado no espaço em 25 de dezembro de 2021. O telescópio James Webb está enviando de volta imagens mais nítidas, mas elas são apenas os gráficos de uma pequena porção da vasta imensidão do Universo.

Galileu Galilei foi um contemporâneo de Francis Bacon. Francis Bacon considerava que toda teoria científica deveria ser testada através de experimentos pela ciência experimental. E o instrumento científico de Galileu Galilei era seu telescópio.

O cientista britânico Stephen Hawking disse em uma palestra: "...com a ciência experimental, o pensamento filosófico está morto".

No entanto, a ciência teórica e experimental tem que abrir caminho através das diferentes correntes religiosas para estabelecer como a energia que move o Universo foi formada; e de onde e em que forma surgiu a massa magnética do espírito; que é a energia que cavalga sobre o corpo de qualquer ser vivo para conduzi-lo.

O corpo físico é composto apenas de matéria eletrônica variável, enquanto que o espírito é composto de massa magnética que é eterna. Será impossível querer destruir a massa magnética do espírito, porque um espírito não tem matéria eletrônica. A massa magnética de um espírito não tem núcleos ou elétrons; portanto, os espíritos não podem ser destruídos. E, por ser uma energia consciente, um espírito não pode destruir a si mesmo.

No início, ou seja, quando o Universo era infinitamente pequeno, formaram-se apenas micro-corpos eletrônicos, ou seja, corpos físicos elementares, que conhecemos como vírus. Então, na Terra, havia as condições ambientais necessárias para que os vírus sofressem mutações. A partir dessas mutações dos vírus, formaram-se células compostas que se replicavam de diferentes maneiras, e de acordo com as diferenças nas cargas eletrônicas que formavam os corpos eletrônicos funcionais de todos os seres vivos.

O espírito é eterno, porque a massa magnética do espírito não muda com o tempo; pois, a massa magnética do espírito não contém matéria eletrônica. A única coisa que muda com o tempo é a matéria eletrônica do corpo físico. A mudança da matéria eletrônica do corpo físico se deve ao ajuste espacial das cargas eletrônicas.

O tempo só existe na Terra; mas o tempo é útil para estabelecer como foi um evento, e como ele será entre dois pontos consecutivos; isto é, para ver como os eventos aconteceram, e para imaginar como serão os eventos entre dois pontos consecutivos no tempo futuro.

Capítulo 2

NO NADA NÃO HÁ NADA

A energia é produzida enquanto um corpo físico estiver em movimento; se não houver movimento do corpo físico, a energia não será produzida. Um corpo que não está em movimento não produzirá energia; mas, todas as partículas elementares estão em movimento. Por exemplo, no mundo físico, a eletricidade é gerada pelo movimento do ar, na água quando uma turbina se move, ou em um motor que aciona um dínamo; em um carro onde o movimento de um motor é transformado em energia para frente. Se não há movimento, não há energia, e no Universo, as estrelas são compostas de partículas que estão em movimento. Por exemplo, o Sol e a Terra estão em movimento; ou no corpo de qualquer ser vivo, a velhice ocorre porque as células estão em movimento eletrônico.

O movimento da matéria eletrônica de um corpo físico de um ser vivo ocorre porque o calor é gerado nas mitocôndrias quando consumimos alimentos. Enquanto que, a massa magnética do espírito é a energia que impulsiona o corpo físico do ser vivo. O espírito não fornece energia para o movimento do corpo de um ser vivo; a massa magnética do espírito apenas impulsiona o corpo físico do ser vivo. Quando a massa magnética do espírito é desligada da matéria eletrônica do corpo físico, a matéria eletrônica do corpo físico ficará sem vida, ou seja, a matéria eletrônica do corpo se tornará inanimada sem a energia magnética motriz do espírito. Neste caso, a energia que move o corpo físico é consciente de sua existência; é a massa magnética que forma o espírito; portanto, a massa magnética do espírito ainda está viva; apenas, a massa magnética do espírito não tem mais a matéria eletrônica do corpo físico para dirigi-la. Ou seja, se o corpo não tem a energia fornecida pela massa magnética do espírito, naquele instante o corpo não tem mais nenhum movimento. Na Terra, diz-se que o corpo está morto, mas o corpo não está morto, o que acontece é que o corpo formado pela matéria eletrônica não tem mais a massa magnética do espírito para poder mover-se no mundo físico; porque o corpo físico não tem mais o condutor. A energia aparece quando há movimento; e a geração de energia pára no exato instante em que o movimento pára.

Um dos filósofos que pensou sobre este fenômeno do movimento foi Parmenides. Mas, no nada não há energia, então no nada não pode haver movimento. O movimento só apareceu no nada, quando no meio do nada a menor partícula que podemos imaginar foi formada e começou a se mover; e naquele instante a energia apareceu pelo movimento; portanto, definimos aquela menor energia que pode caber em nossa imaginação como um almatrino. O Universo é um sistema energético, cuja energia mínima apareceu no instante em que o almatrino começou a se mover e uma quantidade infinitesimal de energia foi produzida a partir do nada. Assim, o movimento do almatrino era contra o nada; portanto, o movimento do almatrino tornou-se infinito em relação ao tamanho infinitesimal do Universo nascente. A velocidade de rotação daquela quantidade mínima de energia não podia mais ser interrompida, porque o almatrino gerava para si mesmo a energia que o mantinha em movimento. Assim, o movimento se tornou um movimento acelerado. Assim, o Universo estará sempre em movimento, porque o Universo produz para si mesmo a energia que o impulsiona para o nada. No nada não há forças que se oponham ao crescimento acelerado do Universo; portanto, o movimento do Universo está numa forma incremental à quantidade de energia que é gerada.

É por isso que Parmenides disse: "...para falar de algo temos que falar que algo existe". Mas em nada existe nada. No nada não há mudança, porque no nada não há nada que possa ser mudado.

Assim, não faz sentido pensar que o nada foi criado; pois, no nada nada há nada que possa ser criado ou modificado. No nada, não há nem mesmo o pensamento ou a energia para tentar criar algo; pois, o nada é um vazio absoluto.

Nem o nada é infinito, porque o limite interno do nada é igual ao limite externo do Universo. O Universo é uma esfera de acreção no nada. O Universo começou a se formar pelo movimento do nada, mas devemos conectar o nada com o Universo. Foi o movimento desta partícula mínima que começou a gerar a energia do que é até hoje o grande Universo. O limite que separa o Universo do nada pode crescer infinitamente; pois no nada não há nada, ou o nada cresce à medida que o tamanho do Universo cresce. O Universo está implodindo no centro do nada; e esta implosão do Universo no nada é o que cria o espaço físico do Universo.

Como dissemos, esta partícula elementar que foi formada no nada, tivemos que defini-la como um almatrino, a fim de conectar o nada com o Universo. Naquele primeiro instante de seu movimento tangencial, um almatrino não podia conter matéria ou carga eletrônica; e por ser energia, um almatrino não pode estar sem movimento.

É lógico pensar que, naquele instante inicial, um único pólo magnético foi formado no almatrino; e assim, o primeiro monopolo magnético do Universo foi formado. Portanto, relacionamos o início do movimento energético de um almatrino como o monopolo magnético de Paul Dirac. Paul Dirac é o único físico que determinou matematicamente a formação de um monopolo; e, naquele momento inaugural do Universo, o almatrino na verdade tinha apenas um pólo.

Wolfgang Pauli propôs a criação do neutrino; entretanto, naquela época da história da física, a existência de partículas elementares que não tinham energia não podia ser compreendida; a partícula só podia conter matéria. Portanto, Wolfgang Pauli disse em uma palestra: "...eu fiz uma coisa terrível, pois postulei uma partícula que não pode ser detectada".

Wolfgang Pauli chamou esta partícula imaginária, que não tinha nem carga nem massa, o nêutron. Mas o físico italiano Enrico Fermi sugeriu a Wolfgang Pauli que a partícula deveria ser chamada de neutrino, porque o nêutron já existia. O fermion recebeu o nome do físico italiano Enrico Fermi. O bóson foi proposto por Paul Dirac para honrar a memória do físico e matemático indiano Satyendra Nathan Bose.

O físico chinês Wang Ganchang propôs a idéia de detectar a partícula elementar proposta por Wolfgang Pauli a partir da decadência da radiação beta.

Em 1956, os físicos experimentais Clyde Cowan e Frederick Reines conseguiram desenvolver um experimento para detectar a partícula elementar proposta por Wolfgang Pauli. Isto aconteceu no reator 'P' da usina de Savannah River, onde, em 14 de junho de 1956. Com seu equipamento experimental, Reines e Cowan conseguiram capturar neutrinos. Clyde Cowan e Frederick Reines enviaram um telegrama para Wolfgang Pauli dizendo: "...temos o prazer de informar que detectamos definitivamente neutrinos de fragmentos de fissão observando a decomposição beta inversa dos prótons".

Assim, o neutrino é a menor partícula elementar que os humanos foram capazes de detectar com equipamentos experimentais. Mas tudo indica que um neutrino tem uma quantidade muito pequena de matéria eletrônica; portanto, um neutrino seria a menor partícula eletrônica que existe.

Portanto, tivemos que definir o almatrino como a partícula elementar menor do que um neutrino. O almatrino não tem carga nem matéria eletrônica, mas não poderemos detectar experimentalmente um almatrino, pois não poderemos construir detectores com matéria eletrônica para que os almatrinos deixem um rastro de sua existência. Os almatrinos passariam por qualquer detector feito por matéria eletrônica sem serem detectados; assim, os almatrinos não nos deixarão um sinal para provar sua existência no Universo.

No entanto, o pensamento de Parmenides estava assumindo um conceito filosófico, tal como as deduções de Aristóteles.

Da mesma forma, o conceito científico de Albert Einstein foi levado pelo próprio Albert Einstein do científico para o filosófico. Albert Einstein foi o físico que adotou uma posição filosófica semelhante ao pensamento filosófico de Parmênides. Para consolar a viúva pela morte de sua amiga Michele Besso, Albert Einstein enviou uma carta à viúva para consolá-la, na qual Albert Einstein dizia o seguinte: "...e agora, ele partiu deste estranho mundo um pouco antes de mim". Isso não significa nada. Para aqueles de nós que acreditam na física, a distinção entre passado, presente e futuro não é nada mais que uma ilusão teimosa e persistente". Nesta carta, Albert Einstein parece ter desistido no último minuto da trajetória que o levou ao auge da ciência física.

Albert Einstein se desligou de seu corpo físico, um mês e três dias após a desconexão de sua amiga Michele Besso. Mas o que realmente aconteceu foi que Albert Einstein partiu para seu mundo espiritual aos 76 anos de idade, especificamente em 18 de abril de 1955. Assim, os espíritos de Albert Einstein e Michele Besso não estão mortos; eles ainda estão vivos como espíritos no mundo dos espíritos.

Entretanto, será impossível ver o mundo espiritual do mundo físico ao qual Albert Einstein se refere; embora ambos os mundos possam ser observados a partir do mundo espiritual; pois, a visão não é um fenômeno óptico, mas um fenômeno eletrônico. Assim, o mundo espiritual é um mundo real, enquanto que a dualidade da vida física é temporária. A dualidade espírito-corpo durará tanto quanto durar a existência da matéria eletrônica do corpo físico. Enquanto que, a massa magnética do espírito é a forma real de existência, e representa a permanência eterna que pode ser alternadamente nos dois mundos. Os olhos do corpo físico são as janelas para que o espírito observe do corpo físico o que está acontecendo em seu mundo físico.

Os espíritos emitem sons infrassônicos; pois, o som não é uma onda eletromagnética; o som é um distúrbio do meio físico. O que inunda o ambiente físico de um ser humano é a substância do ar; portanto, é preciso mais força para mover uma massa de ar que está entre o emissor do som e o ouvinte; portanto, um espírito não pode manter uma conversa agradável com um ser adulto encarnado. O ser humano adulto sentirá medo, porque o ser humano adulto reconhece que o selo com o qual ele está falando é um espírito.

É preciso menos esforço para perturbar um corpo de água do que um corpo de ar. Assim, as crianças podem pegar o infrassom de um espírito até a idade de 5 anos. Isto acontecerá com a criança, à medida que ela se adapta a estar no ar em seu mundo físico. O som se move 5 vezes mais rápido na água do que no ar; e a perturbação na água quente é maior do que na água que está a uma temperatura normal. Os olhos dos bebês foram formados fechados na água morna da placenta; assim como seus ouvidos. Portanto, crianças até os 5 anos de idade são as únicas que podem ver e falar agradavelmente com o selo magnético de um espírito.

Uma criança não sabe que o que está olhando é a imagem holográfica do avô em forma de espírito; portanto, a criança não tem medo do que está vendo; entretanto, o pai da criança não pode ver a figura holográfica do espírito de seu pai; porque o pai da criança sabe que seu pai está morto. Tampouco podemos usar um bebê como sujeito de teste. E com relação a uma criança de 5 anos, acreditamos que a criança está mentindo para nós ou que a criança está alucinando; porque, como adultos, não seremos capazes de ver o que a criança está vendo.

Podemos ver as imagens quando estamos dormindo, ou seja, com os olhos fechados. As pessoas cegas podem ver imagens durante os sonhos e localizar obstáculos no espaço físico sem ter olhos físicos.

Mas, não poderemos capturar as imagens quando elas estiverem paradas, porque o cérebro colocará as imagens paradas em uma seqüência de imagens em movimento por meio do fenômeno phi. O fenômeno phi é uma ilusão ótica que foi descoberta pelo psicólogo alemão Max Wertheimer. O fenômeno phi é o mesmo fenômeno que acontece quando assistimos a desenhos animados. Os desenhos animados foram popularizados pelo empresário americano Walter Elias Disney com sua empresa Walt Disney.

No entanto, não podemos ver em sonhos aqueles eventos que não aconteceram, pois eventos que não aconteceram existem apenas na imaginação. Quando nos referimos ao imaginário, o imaginário é o mesmo que o nada, de modo que a imaginação não é algo real.

Seremos capazes de ver apenas aqueles eventos que aconteceram ao mesmo tempo com respeito ao Universo. Mas, por causa da grande distância que separa os dois pontos entre os quais no primeiro ponto um evento aconteceu, parece ser um tempo futuro para alguém que está pedalando com velocidade zero em relação a um corpo que está em movimento em relação ao Universo. Se há alguém que pode se mover mais rápido que a velocidade da luz, ele será capaz de ver aqueles eventos que acontecem algum tempo antes em relação ao tempo de alguém que está pedalando com velocidade zero em relação a um corpo que está em movimento no Universo.

Um exemplo é alguém que está andando sobre a Terra. O outro alguém é um espírito. O espírito contém apenas massa magnética; e como não tem matéria eletrônica, o espírito não tem peso, então um espírito pode se mover mais rápido que um feixe de luz.

Portanto, Galileu Galilei imaginou em uma conversa de seus personagens fictícios: Salviati, Sagredo e Simplicio sobre a velocidade com que a luz se move.

Simplicio diz a Sagredo:

"... e a experiência diária, nos mostra que a propagação da luz é instantânea; pois quando vemos um canhão sendo disparado a uma grande distância, o clarão chega aos nossos olhos sem que o tempo transcorra; enquanto que, o som só chega aos nossos ouvidos após um intervalo perceptível".

Sagredo responde a Simplicio:

"... bem Simplicio, a única coisa que posso inferir desta experiência muito comum, é que o som que chega aos nossos ouvidos viaja mais lentamente que a luz; mas, isto não me informa se a rapidez da luz é instantânea; ou, mesmo que seja extremamente rápida, de qualquer forma, a luz investe algum tempo".

Podemos retirar o canhão de Galileu para Sagredo para acender o fusível do canhão em meio ano-luz; ou seja, a uma distância de aproximadamente 4.730.365.236.290 quilômetros. Simplicio como espírito pode viajar a 90.000.000.000 de quilômetros por segundo, enquanto a luz tem matéria eletrônica; portanto, a luz viaja a um ritmo mais lento do que a massa magnética do espírito. A luz viaja a 300.000 quilômetros por segundo. Na Terra deixamos Salviati para assistir ao evento do canhão de fogo quando Sagredo acende o fusível.

Simplicio dá a ordem a Sagredo para acender o rastilho do canhão. Simplicio vem à Terra para informar a Salviati que em 6 meses ele verá o fogo do canhão. Após 3 meses, Simplicio volta para onde Sagredo está com o canhão; e se encontra no meio do caminho, com o raio de luz que traz o sinal do candeeiro para Salviati que está na Terra. Simplicio continua seu caminho até onde Sagredo está com seu canhão. Mas, no ponto 1 onde o evento aconteceu, não há mais Sagredo com o canhão, porque já se passaram 3 meses e Sagredo deixou o lugar com seu canhão.

Após 6 meses Salviati, que está cavalgando sobre a Terra com velocidade zero em relação à Terra, que se move a 28 quilômetros por segundo em relação ao Sol, vê o clarão do canhão que trouxe o raio de luz. Salviati reflete um pouco e diz que Simplicio é um adivinho, porque Simplicio pôde ver no tempo presente, um evento que aconteceu há 6 meses.

Na realidade, o castiçal aconteceu ao mesmo tempo para Sagredo, Simplicio e o Universo, apenas que Salviati teve que esperar 6 meses para ver a luz percorrer 4,7 bilhões de quilômetros para que Salviati pudesse ver o candelabro do canhão. Ou seja, para o Universo, o tempo de Simplicio e Sagredo foi um presente, enquanto que, para Salviati, o evento aconteceu no futuro. Portanto, aqueles eventos que não aconteceram, não poderemos vê-los.

A relação matemática que explica em que ponto a energia se torna massa é a equação de Albert Einstein e Mileva Marić, $E=mC^2$. Entretanto, esta equação não faz sentido fisicamente, pois não especifica se 'm' corresponde à massa magnética, ou se 'm' é a quantidade de matéria eletrônica. Sem o esclarecimento do significado desta variável, a equação energética da teoria da relatividade não faz sentido do ponto de vista físico. A teoria da relatividade não faz sentido se a quantidade inicial de matéria m_0 do Universo não for definida; já que, para Albert Einstein, a quantidade inicial de matéria eletrônica do Universo é imaginária.

Talvez tenham sido Albert Einstein e Mileva Marić que confundiram o termo complexo do matemático alemão Johann Carl Friedrich Gauss. Eles chamaram o termo complexo de Gauss de um termo imaginário, mas complexo é diferente de imaginário. Complexo é difícil de encontrar matematicamente. O complexo pode ser difícil de encontrar; mas, o complexo é real; o complexo não é imaginário.

A equação que explica como a matéria eletrônica foi formada a partir de uma quantidade inicial de matéria eletrônica

m_0, foi derivada a partir da massa inicial usando o termo complexo 'i'. Esta equação é: $Ev=m_0C^3$, onde m_0 representa a quantidade de matéria eletrônica inicial, que foi formada no primeiro instante da existência do Universo nascente. A velocidade v é a velocidade do almatrino.

Não há nada no nada, e já dissemos que o tamanho do nada é o mesmo tamanho que o Universo está adquirindo em cada instante que passa. Portanto, o momento inaugural do Universo começou no mesmo instante em que o movimento do almatrino começou. Mas, a criação da matéria eletrônica ainda está acontecendo enquanto o movimento existir; pois, sem o movimento da energia eletrônica, não haveria matéria eletrônica.

Devemos comemorar este evento uma vez em cada ano terrestre; pois é por causa deste movimento que existimos no Universo e que o Universo existe; portanto, a inauguração do que aconteceu naquele primeiro instante é o evento mais importante que já aconteceu em toda a história da existência da vida eterna e da vida eterna do grande Universo.

Capítulo 3

A ENERGIA QUE ACIONA

A massa magnética do espírito, desde o momento em que é incorporada ao corpo físico de um bebê, se adapta ao tamanho do corpo físico, que será sua residência até que a existência da vida física seja completada. O espírito é a massa magnética que conduz ao corpo físico. Como mencionado, a massa magnética do espírito não fornece ao corpo físico energia eletrônica para movê-lo, uma vez que a massa magnética do espírito, além de ser neutra, não se desintegra e não contém matéria eletrônica para movimentar-se.

Enquanto procuramos um nome mais apropriado para o selo energético de um espírito, podemos classificar este condutor do corpo físico como uma energia. Portanto, a energia do espírito só impulsiona o corpo físico, enquanto a energia eletrônica que move o corpo físico vem do alimento que o corpo físico consome. Em outras palavras, o alimento é o combustível que impulsiona o corpo físico. O corpo consiste apenas de matéria eletrônica.

A massa magnética não pode fundir-se com a matéria eletrônica do corpo físico, porque estas duas energias já estão integradas: o espírito é a energia magnética integrada na forma de massa magnética; e o corpo é a energia eletrônica integrada na forma de matéria eletrônica. A associação entre a massa magnética do espírito e a matéria eletrônica do corpo acontecerá separadamente, e apenas temporariamente; ou seja, sem poder se unir como uma identidade única durante a duração da associação, a condução, ou em termos gerais, a existência física do ser vivo.

Isto será assim; pois a massa magnética do espírito e a matéria eletrônica do corpo são formas neutras e, portanto, estas duas formas não poderão se fundir em uma só. A massa magnética do espírito não tem núcleo nem elétrons; portanto, a massa magnética do espírito não será capaz de se combinar com outras energias eletrônicas e outras massas magnéticas, ou seja, da mesma forma que dois ou mais tipos de matéria eletrônica se combinam, que são acomodados espacialmente porque têm núcleos e elétrons. Portanto, a massa magnética do espírito forma um selo inerte que é mais sólido do que a matéria eletrônica mais estável. A matéria eletrônica muda com o tempo, enquanto que a massa magnética de um espírito é eterna.

Por ser inerte ou imutável e autoconsciente, a massa magnética do espírito pode viver independentemente e pode estar em qualquer lugar do Universo; e por ser energética e sem peso, a massa magnética não pode ser afetada por extremos de temperatura ou gravidade.

Muitas pessoas brincam porque não acreditam em mim quando eu lhes digo que vim do Sol. Quando eu era um garoto de 5 anos, chorava porque vim do Sol. Eu diria entre os soluços de uma criança: ...e agora eu terei que trabalhar para viver.... Claro, no Sol não precisamos consumir alimentos, porque no Sol não temos corpos físicos para movê-los. Quando eu era criança eu corria atrás dos espíritos para alcançá-los, o que eu queria deles era que me ensinassem a voar, porque os espíritos não andam como um ser humano, eles se movem como se estivessem voando no auge da estrada. Então, aprendi como sair do meu corpo, e atravessei paredes como se não existissem. Mas entendi que na verdade somos espíritos vivendo temporariamente em um corpo físico.

O espírito é a energia que dá ao ser físico uma forma de ser e agir; isto é, o comportamento do corpo físico e seu desempenho no mundo físico; o que dependerá apenas da habilidade ou habilidade que cada espírito adquiriu em ir e vir do mundo espiritual para o mundo físico. É um acúmulo de aprendizado que se manifesta em suas habilidades como espírito no mundo físico e como um ser vivo na Terra.

Assim nascem as crianças que são prodígios, e nascerão as crianças que serão gênios na vida adulta. Os gênios são pessoas que nascem com a missão de provocar uma mudança na maneira de pensar da sociedade que pertence ao ser humano; enquanto que os prodígios dominam uma disciplina já existente; por exemplo, a matemática e a música.

Na Terra, quando a massa magnética do espírito estiver desligada da matéria eletrônica de seu corpo físico, o espírito terá o mesmo padrão e coloração da forma energética de seu corpo físico. Desta forma, podemos reconhecer a que corpo físico pertenceu o espírito que foi desconectado; ou seja, podemos saber de quem era o espírito para aqueles de nós que estão temporariamente no mundo físico.

Portanto, o espírito não é uma energia que vagueia sem rumo através do Universo. O espírito fez uma cópia exata da impressão de seu corpo físico com suas qualidades magnéticas; isto é, o espírito retém as características de sua forma física, maneira e comportamento que estão bem definidas.

É por isso que o espírito pode ser reconhecido por seus netos, se o espírito do corpo físico teve filhos enquanto estava em um corpo físico, e os filhos do espírito tiveram filhos nesta longa trajetória energética.

Os espíritos da Terra farão parte do mundo espiritual na Terra; enquanto que os espíritos que vêm de outras galáxias para a Terra não poderão ter filhos na Terra. Portanto, nós espíritos extra-terrestres não teremos netos, porque não pertencemos ao mundo terrestre. Não faria sentido deixar família na Terra; pois, espíritos que não são da Terra, teremos que voltar ao lugar no Universo ao qual pertencemos.

Quanto ao Universo, no Universo tudo o que existe é absoluto; pois, como mencionamos, o Universo se expande para o nada. Ou seja, fora do Universo não há forças energéticas; ou na parte externa do Universo não há nada que possa se opor ao crescimento do Universo. O Universo se expande muito rapidamente, porque o crescimento do Universo é acelerado. Isso significa que, a cada instante, o crescimento do Universo não é linear, mas exponencial; ou seja, o Universo cresce mais rapidamente à medida que o Universo produz mais energia.

Relativamente falando, se um ser humano observasse a expansão do Universo, ele ou ela não notaria, porque com respeito ao tamanho do Universo, um ser humano é algo menos que um ponto, e teria que esperar uma eternidade para observar a expansão do Universo. Seria um tempo muito longo para um ser humano esperar pelo que um instante significa para o Universo. Poderíamos dizer que o Universo está se tornando muito grande em relação à nossa observação do que é um instante para o Universo. Depois de ler este parágrafo, o Universo se tornou exponencialmente maior; no entanto, não estamos cientes deste crescimento; e parece, ao contrário, que vivemos em um mundo estático.

Enquanto houver mais corpos em movimento, mais energia será produzida; que é a força que impulsiona o Universo para o nada; mas já mencionamos que no exterior do Universo não há nada que possa deter o movimento expansivo do Universo.

Nada é um vácuo absoluto; portanto, o Universo cresce no vazio de uma maneira caótica. Os eventos futuros do Universo não podem ser previstos, porque não saberemos qual ou como será a nova configuração do Universo no tempo futuro. A próxima configuração do Universo não saberemos como será, porque a forma do Universo futuro é imprevisível.

Em outras palavras, o tempo não pode existir no Universo; o tempo só existe na Terra como uma variável matemática. Os eventos do presente não têm relação com os eventos do passado, e os eventos do passado não terão relação com os eventos que acontecerão no futuro.

Somente na Terra o tempo representa uma atividade cíclica; ou seja, os mesmos dias e meses passados se repetem; pois no futuro os dias e meses têm o mesmo nome, embora o que acontece nos dias e meses vindouros será diferente dos eventos dos últimos dias e meses. O ser humano não vive no presente, mas em uma expectativa do que acontecerá no futuro. Entretanto, os eventos do Universo não se repetem; pois, a marcha do Universo é acelerada.

A massa magnética do espírito também não muda com o tempo, porque o espírito não contém matéria eletrônica. Ou seja, a massa magnética do espírito não se desintegra com o passar do tempo, ou como acontece com a matéria eletrônica dos corpos. Portanto, no mundo espiritual, não faz sentido usar um calendário, porque no mundo espiritual se vive em um momento eterno.

Na Terra, a matéria eletrônica pode assumir novas formas com o passar do tempo; mas, essas variações só acontecem com a matéria eletrônica na Terra. As mutações são mais prováveis de ocorrer nas plantas do que nos animais, porque as plantas estão mais próximas umas das outras. Portanto, a brisa que move as sementes cai sobre as plantas que estão mais próximas umas das outras. Formigas e abelhas podem fazer com que o corpo eletrônico das plantas mude com mais freqüência ao longo do tempo. Assim, na Terra, há uma maior variedade de plantas do que de animais. Esta mutação do corpo eletrônico ainda está ocorrendo na Terra, mas não estamos cientes deste desenvolvimento.

Já os vírus foram formados no início do Universo pela integração física da micro-matéria eletrônica com a micro-massa magnética. Portanto, os menores corpos que existem são vírus; pois, um vírus é a transição entre vida e não vida que forma massa magnética com matéria eletrônica. No ambiente terrestre, os vírus se transformam em núcleos, mitocôndrias, ribossomos e outras organelas celulares. Estas células derivadas do vírus formam células autoencapsuladas e formam as células compostas que deram origem à maioria dos seres vivos, que se auto-replicam através da replicação celular.

A massa magnética do espírito é a verdadeira forma de vida; pois, com respeito à Terra, a massa magnética do espírito permanecerá viva após o processo de desconexão entre a massa magnética do espírito e a matéria eletrônica do corpo físico. Na Terra, existe apenas a separação da massa magnética do espírito da matéria eletrônica do corpo físico. Quando separada do corpo, a massa magnética do espírito permanecerá viva. Considerando que a matéria eletrônica do corpo físico continuará seu processo de mudança na Terra; pois é à Terra que a matéria eletrônica do corpo físico pertence.

No momento da separação, um espírito não pode levar consigo nenhuma matéria eletrônica; pois, a matéria eletrônica de qualquer pessoa tem peso; enquanto que, a massa magnética do espírito não contém matéria eletrônica; portanto, o espírito não tem peso. O espírito é composto apenas de massa magnética; que, como foi dito, forma um selo energético que tem a mesma forma que o corpo físico. O espírito é uma cópia magnética que se destaca como uma auréola luminosa que envolve o corpo físico. No momento da desconexão, esta auréola de luz se separa; ela é livre, pois está desconectada de seu corpo físico.

Mas, nem todos nós poderemos ver esta auréola de luz, porque esta luz é composta de massa magnética. Esta forma de luz que envolve o corpo físico é nítida e brilhante, mas é diferente da luz que forma a energia eletrônica. A luz eletrônica que podemos ver, porque o feixe de fótons colide e ricocheteia em objetos ásperos. A luz espiritual, por outro lado, é coesa; a luz espiritual tem uma textura mate; portanto, a luz espiritual não se desintegra ou se espalha ou ricocheteia.

Para os espíritos, a matéria eletrônica é como se não existisse, pois a energia magnética dos espíritos passa através de objetos físicos sem ser retida. Portanto, esta luz espiritual não colide com objetos físicos, mas a luz eletrônica colide e ricocheteia na imagem holográfica dos espíritos, razão pela qual alguns humanos podem ver a luz no ricochete, o que nos dá uma imagem exata da imagem holográfica de um espírito na tela do cérebro.

A energia do espírito leva apenas ao corpo físico. Um exemplo para ver esta diferença pode ser um carro. O motorista do carro é o espírito do carro, enquanto a gasolina é o que fornece a energia eletrônica para conduzir o carro para frente.

O espírito tem memória magnética; esta memória do espírito lhe dará uma identidade individual e um modo de ser; esta é a sua qualidade. Mas um espírito quando faz parte de um corpo físico não se lembra de como é seu mundo espiritual, ele pode se lembrar esporadicamente apenas quando criança.

O espírito não se lembra de como é seu mundo espiritual, porque o espírito é incorporado ao corpo físico aos 5 meses no útero. Seu corpo pequeno não tem memória eletrônica, a memória eletrônica do corpo do bebê é zerada, porque o bebê vem de dois haploids e os haploids não têm memória. Como a memória física é formada no hipocampo, o espírito que é incorporado ao corpo físico irá armazenar em sua memória física as experiências desta oportunidade de existência em seu mundo físico. A memória física é consolidada quando o hipocampo é completado aos cinco anos de idade; portanto, após os cinco anos de idade, o espírito da criança não se lembrará de como é seu mundo espiritual. O espírito da criança só será capaz de armazenar em sua memória física as memórias físicas desta vida física.

A memória é magnética, portanto a memória não tem peso, de modo que no momento da desconexão, o espírito levará as memórias desta vida em sua memória magnética para seu mundo espiritual. A memória magnética é o que permite que o espírito evolua e se diferencie dos outros espíritos. A memória magnética do espírito é o que dá ao espírito a forma do ser, e a coloração energética da forma como ele executa e molda sua roupa energética.

O comportamento do espírito é o mesmo para todos os seres vivos; por exemplo, todos os animais, assim como os seres humanos, têm sentimentos. Pode-se observar que o comportamento de cada animal de estimação é diferente, mesmo que pertençam à mesma raça.

A massa magnética do espírito só pode evoluir através do conhecimento que o espírito adquire; e cada experiência é armazenada pelo espírito em sua memória magnética. É a evolução do conhecimento que coloca cada espírito em uma escala superior. O conhecimento é individual; essa é a qualia do espírito; ou seja, o que o espírito aprende, não será transmitido a outros espíritos da mesma forma. Ao ensinar o que aprende, o espírito evoluirá a um ponto superior em sua escala infinita de conhecimento.

Capítulo 4

O UNIVERSO NÃO FOI CRIADO

Quanto à vida do Universo, ela será eterna, porque o Universo não foi criado por alguém, mas o Universo continua e continuará a se criar enquanto houver o movimento dos corpos celestes no Universo. Assim, o Universo não terá um tamanho final em um ponto final, porque os corpos celestes não vão parar de se mover. A partir do instante inaugural, o Universo não parará; pois o Universo gera para si mesmo a energia que o mantém em movimento; e a integração da energia eletrônica criará novos corpos celestes que manterão o Universo em movimento. A existência do Universo continuará eternamente; e continuará desta forma enquanto houver movimento. Mas, o Universo não pode permanecer imóvel enquanto a geração de energia existir. É impossível para o Universo morrer ou parar de crescer; pois, o Universo está implodindo no meio do nada. Nada é absoluto e o Universo é criado, da mesma forma; assim, no nada nada há nada que possa deter o crescimento acelerado do Universo.

O Universo cresce caótico; pois, como dito, um estado inicial é diferente do estado seguinte, o que foi deduzido pelo polimata francês Jules Henri Poincaré. Poincaré era cego; mas, sendo míope, esta deficiência visual permitiu a Henri Poincaré desenvolver sua capacidade imaginativa; pois, Poincaré fechava os olhos para imaginar o que dizia seu professor da escola primária. A criança Poincaré não conseguia distinguir o que o professor escrevia na lousa; portanto, a criança Poincaré fechava seus olhos para imaginar.

Em matemática, é uma forma de interligar dois ou mais eventos que aconteceram no passado. Estes eventos só podem ser imaginados no passado ou no futuro. Por exemplo, podemos saber o que aconteceu entre dois pontos colocando os eventos de uma forma matemática; e através da lógica analítica que a imaginação nos dá, vamos perceber de que forma tais eventos poderiam ter acontecido. A única maneira de preservar esta memória em forma física é registrá-la em livros físicos; pois a memória física de um ser humano pensante se perde no momento em que o espírito é desligado de seu corpo físico.

A imaginação é parte da capacidade evolutiva do ser humano; pois, não poderíamos dizer que os animais têm imaginação; mais obviamente, os animais expressam instintos e sentimentos.

A memória física está alojada no hipocampo. É o que permite que o ser humano tenha a qualidade de se projetar no tempo e de se localizar no espaço. Neste momento, a capacidade de imaginação nos permite recuar 13,8 bilhões de anos, para poder imaginar como os eventos aconteceram naquele ponto zero ou no instante inaugural a partir do qual, ou como o Universo começou a se formar. Mas o objetivo desta busca é demonstrar que todos os seres vivos são irmãos e irmãs, porque todos nós surgimos da energia que emana do Universo.

Talvez o erro seja que a maioria dos cientistas pensa que, se tal evento não pode ser explicado de alguma forma por uma função matemática, então eles assumem que o evento físico não existe, mesmo que o evento seja real.

É o caso de Albert Einstein, que não percebeu que a massa do espírito é uma entidade real; para Albert Einstein concluiu que a massa seria imaginária no caso de uma partícula se mover mais rápido que a luz. Mas Albert Einstein não entendeu que ele era realmente um espírito vivendo em um corpo físico, que seus pais chamaram de Albert. A verdade é que não sabemos o nome do espírito que impulsionou o corpo de Albert Einstein na Terra.

O que Albert Einstein e Mileva Marić quis dizer com a variante 'm' na equação $E=mC^2$ é que 'm' é matéria eletrônica ao invés de massa magnética, que é diferente. A massa magnética se refere ao selo do espírito. Entretanto, pelo tempo de Albert Einstein, e ainda hoje, o comportamento físico das partículas elementares não é conhecido em detalhes, porque não as vemos.

A lógica, e depois a experiência de deixar o corpo, nos diz que como espíritos podemos nos mover com uma velocidade que está acima da velocidade da luz. Somente, nem todos nós podemos deixar o corpo para provar isso, porque novamente, os cientistas pensam que o ser humano consiste apenas de matéria eletrônica que funciona sem a necessidade da energia magnética do espírito. Mas a massa magnética do espírito é a verdadeira energia que impulsiona a forma viva do corpo eletrônico. É a energia que guia e dirige a matéria eletrônica de qualquer corpo físico: seja um inseto, uma vaca, um gato, um porco, uma ave, um peixe, um ser humano, etc., ou seja, a massa magnética é a energia que impulsiona o corpo eletrônico de qualquer ser vivo.

A única maneira de fixar os eventos seria assumir que o Universo é estático. Mas, um Universo estático é impossível de existir. A idéia de um Universo sem movimento foi realizada no tempo por Albert Einstein quando este tentou calcular uma constante cosmológica de um Universo estático. Albert Einstein se retirou da proposta de uma constante cosmológica quando Edwin Powell Hubble, em 1929, foi capaz de demonstrar que o Universo está se expandindo. A idéia de um Universo em expansão é deduzida como tendo sido proposta em 1927 pela capacidade imaginativa do padre belga Georges Lemaître, que também é o originador da teoria do Big Bang.

Assim, só podemos ver o que está acontecendo no presente de uma maneira real, o que representa um momento eterno.

O hidrogênio é a primeira matéria eletrônica formada pela integração da matéria positiva de um núcleo com a matéria negativa de um elétron. O hidrogênio pode se combinar com o carbono para produzir um número infinito de combinações e dar origem a uma enormidade de substâncias orgânicas. O gás hélio, por outro lado, é inerte, portanto, o gás hélio não se combina com outras substâncias. Por esta razão, o gás hélio representa outro dos gases mais abundantes no Universo.

Podemos imaginar que no início, quando o Universo começou a formar, em cada nível energético, as duas energias foram formadas pelo movimento de 4 almatrinos (na verdade 5 almatrinos). O fluxo de energia destes almatrinos foi formado em uma seqüência alternada. O movimento alternado pode ser explicado por 2 probabilidades: haverá 2 fúmions para 1 evento. Ou seja, os 4 almatrinos foram formados de forma alternada (+ e -). No nível de energia 1, teremos: +½, -½, + ½, -½. Em outras palavras, no nível 1 haverá 2 almatrinos positivos (+½) e 2 almatrinos negativos (-½).

Os 2 almatrinos positivos foram integrados e o primeiro núcleo de elétrons positivos foi formado.

Os 2 almatrinos negativos se integraram e o primeiro elétron negativo se formou.

Um núcleo de elétron positivo integrado espacialmente com um elétron negativo para formar um átomo de hidrogênio, que representa a unidade mais simples de matéria eletrônica.

O almatrino 5 no nível de energia 1 é o que se conecta a outro almatrino no nível de energia 2.

Os 2 núcleos positivos geraram as 2 energias magnéticas positivas. Estas 2 energias magnéticas positivas foram integradas espontaneamente e a primeira massa magnética positiva infinitesimal foi formada.

As 2 energias negativas dos elétrons geraram as 2 energias magnéticas negativas. Estas 2 energias magnéticas negativas foram integradas espontaneamente e a primeira massa magnética infinitesimal negativa foi formada.

A massa magnética infinitesimal positiva integrada com a massa magnética infinitesimal negativa e o primeiro corpo infinitesimal de vírus foi formado. Os vírus são corpos infinitesimais ou muito pequenos; portanto, os vírus podem se espalhar pelo espaço à medida que o espaço se torna maior.

Desta forma, foram formados níveis energéticos em uma escala infinita de níveis contíguos. Neste ponto da vida terrena, vivemos no nível físico como parte de um corpo físico.

Digamos que, a partir das plantas, uma ascensão de conhecimento é alcançada até culminar em instinto e compreensão; mas é o ser humano que está na vanguarda deste processo evolutivo dos seres vivos. No entanto, o processo básico ou necessário para a existência do ser vivo é o mesmo para plantas, animais e seres humanos no que diz respeito ao nascimento e à desencarnação do corpo físico. Portanto, é uma escada de aprendizagem para adquirir conhecimento; e o ser humano é o que está no topo e deve ganhar mais consciência para evoluir como um ser espiritual que guia ao invés de confundir e matar outros seres vivos, pois ele não sabe que outros seres vivos são seus irmãos e irmãs.

No início, um almatrino tinha que girar sobre si mesmo em alta velocidade, e a alta velocidade de rotação produzia uma grande quantidade de energia; mas, a velocidade de rotação não alcançava um valor infinito; porque, a um valor da velocidade de rotação, a energia condensada sob a forma de matéria eletrônica.

Se a alta energia produzida pela alta velocidade de rotação não tivesse se condensado na forma de matéria eletrônica, os almatrinos ainda estariam girando para um valor infinito. A matéria eletrônica não teria sido produzida. Assim, não estaríamos aqui contando esta história, e o Universo seria como uma rocha ou um plasma energético.

A velocidade de rotação do almatrino tornou-se cada vez maior, porque a esfera elíptica do caminho do almatrino aumentou à medida que o espaço foi criado pela expansão do

Universo contra o nada. Nesta época, o tamanho do Universo era infinitesimal. Mas, foi atingido um limite onde o fluxo de energia eletrônica produzida pela alta velocidade do giro do almatrino se tornou matéria eletrônica. Hoje, esta alta velocidade de centrifugação é produzida em buracos negros. Na verdade, eles não são buracos nem buracos negros, são esferas de acreção belíssimas, mas gigantescas.

A velocidade limite para a integração acontecer é prevista pela equação $Ev=m_0C^3$.

50% da energia produzida no Universo condensa e forma 4% da matéria eletrônica do Universo. Um exemplo é a grande quantidade de energia que é gerada mas armazenada em uma pequena quantidade de matéria eletrônica em uma bomba atômica.

O espírito não tem gênero; mas, existem espíritos masculinos e femininos. O gênero masculino é produzido pela integração das 2 energias magnéticas positivas; e a integração das 2 energias magnéticas negativas produz o gênero feminino. Em outras palavras, o gênero masculino é produzido pela integração das 2 energias magnéticas negativas: As 2 energias magnéticas positivas ou que fluem para cima geram uma energia magnética positiva que gira da direita para a esquerda; estas 2 energias positivas se integram e formam a massa magnética positiva de um ser masculino. As 2 energias magnéticas negativas ou que fluem para baixo geram uma energia magnética negativa que gira da esquerda para a direita; estas 2 energias negativas são integradas e formam a massa magnética negativa de um ser do sexo feminino.

Na Terra, a energia eletrônica positiva forma a matéria eletrônica de um corpo masculino, enquanto a matéria eletrônica negativa forma a matéria eletrônica de um corpo feminino.

No útero, um espírito masculino pode ser incorporado ao corpo masculino e nasce um bebê. E um homem será formado.

Ou no útero, um corpo feminino pode ser formado e o espírito feminino de um bebê é incorporado, e uma mulher será formada.

Uma mulher pode se combinar com um homem e um menino ou uma menina serão formados, em um ciclo sem fim, mas que é o mesmo para todos os seres vivos na Terra; sejam eles plantas, ovíparos ou mamíferos. Um ser masculino inclui um homem, animais e insetos machos; entre os quais estão galos, touros, leões, tigres, gatos, etc. Um ser feminino inclui uma mulher, animais e insetos fêmeas, ovíparos que se reproduzem pela incubação de ovos, como aves fêmeas, entre as quais estão galinhas, vacas, leoas, tigresas, gatos, etc.

Com esta explicação de como o homem e a mulher foram formados, terminamos a história mística ou filosófica de Adão e Eva; ou que Eva foi formada a partir de uma costela de Adão.

A energia motivadora para que esta integração ocorra na vida física é a força da empatia que causa paixão e é definida como amor. Esta energia coesa que chamamos amor é a força invisível que Albert Einstein não conseguiu explicar a origem; portanto, Albert Einstein a atribuiu a um ser invisível.

A origem desta energia, que é amplamente definida como amor, se deve à empatia que causa a quiralidade.

A quiralidade é formada por imagens espelhadas; pois, toda matéria que existe no Universo tem uma parte canhota e uma parte destra. Isto é o que produz uma figura tridimensional em forma volumétrica. Por exemplo, se a quiralidade não existisse, as proteínas não existiriam.

Todos os aminoácidos que compõem as proteínas são canhotos; entretanto, não há proteínas que tenham uma seqüência de aminoácidos canhotos e destros. Todos os açúcares que compõem o DNA são canhotos; e, o açúcar que forma a cadeia lateral do DNA é chamado de ribose. A ribose é dextrorotatória; ou seja, a ribose faz com que um raio de luz polarizada gire para o lado direito. Um lado direito é relativo, porque se alguém estiver olhando o giro do outro lado do prisma, verá que a ribose é canhota ou levorotatória. Portanto, devemos definir de que lado estamos observando o giro, a fim de evitar um problema de raciocínio.

Os aminoácidos que formam as cadeias protéicas são todos canhotos; porque desta forma os aminoácidos se enfrentam e as ligações de hidrogênio que formam uma proteína com uma configuração tridimensional podem ser formadas. Se a seqüência dos aminoácidos na cadeia protéica fosse esquerda-direita-direita, as ligações de hidrogênio não poderiam ser formadas, porque os aminoácidos são espacialmente opostos entre si. Se os aminoácidos estivessem nesta forma alternada, as proteínas formariam uma cadeia reta; assim, as proteínas não teriam uma forma tridimensional e nossos corpos seriam alongados como uma linha reta. Se as proteínas fossem uma mistura de um aminoácido canhoto seguido de um direito, os corpos não teriam sido formados, pois não haveria proteínas nem DNA; ou o Sol e os planetas não seriam esféricos, mas planos como discos. Se a quiralidade não existisse, nem a vida física nem a espiritual existiriam, porque os espíritos são igualmente quirais.

O que une as duas cadeias laterais do DNA são as pontes de hidrogênio que se formam entre as 4 bases adenina, guanina, timina, citocina e uracil. A quiralidade só pode ser vista colocando a forma física na frente de um espelho para observar a imagem do espelho invertida.

A Terra é um globo terrestre que tem um pólo sul e um pólo norte; e o centro é o equador onde deve haver uma linha ambidestra que divide os lados esquerdo e direito da Terra.

A face tem um lado esquerdo e um lado direito; a orelha esquerda não pode ser usada no lado direito. Também não podemos usar um sapato esquerdo no pé direito. As mãos são igualmente quirais, temos uma mão esquerda e uma mão direita. Se olharmos para uma molécula de colesterol diante de um espelho, veremos 256 formas diferentes de colesterol; e, a cada forma de vida corresponde uma forma de colesterol, porque do colesterol derivamos hormônios sexuais e sais biliares.

Portanto, se comermos a carne de um animal irmão, estaremos ingerindo um colesterol que não nos serve para nada; mas este colesterol animal tem uma forma semelhante ao nosso colesterol; portanto, não poderemos eliminá-lo do organismo; portanto, este colesterol estranho se acumulará em nossas artérias e o resultado poderá ser um ataque cardíaco.

Como podemos ver, na história da ciência, a quiralidade tornou-se a resposta a várias perguntas que à primeira vista a explicação parece lógica, sem recorrer à razão.

A quiralidade em compostos químicos foi observada pelo físico francês Jean-Baptiste Biot. Jean-Baptiste Biot notou que certos compostos orgânicos giram o plano de polarização de um raio de luz incidente para a esquerda ou para a direita, enquanto outros compostos não o fizeram. Só quando o igualmente químico francês Louis Pasteur observou a quiralidade enquanto investigava a distorção da atividade óptica causada por sais de ácido tartárico. O ácido tartárico é a substância que sobe nos barris onde o mosto de uva é armazenado para produzir vinho.

Louis Pasteur foi capaz de separar as duas formas de cristais de tartarato monossódico usando uma pinça e uma lupa, e foi capaz de demonstrar por polarização que metade dos cristais era canhoto e metade dos cristais era destro, de modo que a mistura dos dois cristais não defletia a luz polarizada. Esta mistura foi chamada de mistura racémica, aludindo a um cacho de uvas.

Entretanto, a explicação do fenômeno da quiralidade também foi cheia de controvérsia, já que os mais renomados químicos alemães da época, como Hermann Kolbe, não acreditavam que as moléculas dos compostos orgânicos se organizassem espacialmente e gerassem uma imagem de espelho invertido.

Adolph Wilhelm Hermann Kolbe Naphtali foi o editor de uma revista científica alemã. Mas nesta história científica, devemos a explicação do fenômeno espacial das moléculas quirais ao químico holandês Jacobus Henricus van 't Hoff, ao qual, em uma carta, Hermann Kolbe descreveu a idéia de Jacobus Henricus van 't Hoff como estúpida. Mais tarde, a ciência experimental provou que o Dr. van 't Hoff estava certo, quando a derivação de um composto enólico foi preparada com sucesso.

Embora Pasteur tenha sido o primeiro a provar a quiralidade, Pasteur não conseguiu explicar o fenômeno da quiralidade. A explicação da quiralidade é considerada como uma das descobertas mais importantes da química orgânica.

Na ciência, o conhecimento e a imaginação são necessários para explicar os fenômenos. Já na religião, a explicação é baseada em uma idéia filosófica sem qualquer tipo de raciocínio, que é aceita sem objeção, mesmo que a explicação não seja lógica. A vida é cheia de conflitos como no caso da quiralidade, porque a vida é uma mistura de fenômenos físicos e espirituais.

Assim, foi a quiralidade explicada pelo químico holandês Jacobus Henricus van 't Hoff que enfureceu o químico alemão Hermann Kolbe. Hermann Kolbe publicou o seguinte no editorial do Jornal Alemão für Praktische:

"...em um artigo recentemente publicado com o mesmo título, assinalei que uma das causas do atual declínio da pesquisa química na Alemanha é a falta de conhecimento geral e, ao mesmo tempo, dos fundamentos químicos. É com esta falta que um número não desprezível de nossos professores de química trabalha, mas eles causam sérios danos à ciência. Uma consequência disto é a disseminação de uma filosofia natural aparentemente acadêmica e culta, que na realidade é trivial e estúpida e que foi deslocada exatamente cinqüenta anos atrás pelas ciências naturais exatas. Agora, no entanto, aparece novamente como se estivesse saindo dos portos do refúgio dos erros da mente humana liderada por pseudocientistas, que querem contrabandeá-la como uma prostituta vestida da última moda e recém inventada para a boa sociedade à qual não pertence. Qualquer um que pense que isto é exagerado pode ler (se for capaz) o livro do Sr. Van't Hoff sobre "The Arrangement of Atoms in Space" que tem aparecido ultimamente e que nos inundam de loucuras fantásticas. Eu ignoraria esse livro como muitos outros, se não fosse que um químico de reputação notável o tivesse tomado sob sua proteção e o recomendasse com um excelente elogio. Um médico, de nome J. H. Van't Hoff, da Faculdade Veterinária de Utrecht, não parece gostar da pesquisa química exata; por isso achou mais conveniente montar um Pegasus (aparentemente emprestado pela Faculdade Veterinária) e proclamar em seu livro "La Chimie Dans L'espace" como lhe parece que os átomos estão dispostos no espaço, quando o que ele faz com ele é chegar ao Monte Parnassus da química em uma elevação destemida de idéias estúpidas".

Mas, concluímos, nossa busca não foi fácil, e o resultado não foi em vão; pois a idéia de como o Universo foi formado será estampada nos livros de ciência, graças à busca persistente dos leitores. Por exemplo, se a quiralidade não existisse, a forma física não teria sido possível, apesar de ser a quiralidade que gera conflitos psicológicos. Porque se uma pessoa vê que uma partícula ou qualquer pessoa está girando da esquerda para a direita, outra pessoa do outro lado verá que o giro da partícula é da direita para a esquerda; assim, por causa da quiralidade não saberemos realmente para que lado as partículas do Universo estão girando.

Capítulo 5

VAMOS CELEBRAR O NASCIMENTO DO UNIVERSO

Distância, matéria e energia eletrônica são quantidades reais, porque podemos medi-las e pesá-las. Estas dimensões mudam com o tempo, ou seja, são quantidades variáveis. A relação destas quantidades pode ser estimada através de cálculos matemáticos. Por exemplo, a relação entre o tempo e a distância nos dará a velocidade com que nos movemos no espaço. Portanto, velocidade é um resultado real; mas, velocidade não é uma quantidade tangível.

A massa magnética e a matéria eletrônica são igualmente reais, porque massa magnética e matéria eletrônica são energias que estão em uma forma integrada. A matéria eletrônica pode ser pesada e muda com o tempo; mas a massa magnética não pode ser pesada porque a massa magnética não contém matéria eletrônica; portanto, a massa magnética não muda com o tempo. Além disso, um espírito é um selo energético que, por não conter matéria eletrônica, não interage com a matéria eletrônica e pode se mover mais rápido que um feixe de luz.

No Universo, apenas dois tipos de energias são produzidas pelo movimento: a energia eletrônica e a energia magnética.

A força que integra a energia eletrônica para formar a matéria eletrônica acontece de forma espontânea, o que, como já dissemos, pode ser explicado pela probabilidade de bósons e fúmions. A força que integra a energia eletrônica para formar a matéria eletrônica é a probabilidade de um bóson que chamamos de gluon.

Portanto, tivemos que definir a força que integra a energia magnética para formar a massa magnética como um bóson, que chamamos de urdir. Urdir foi tirado da palavra para os fios que tecem para formar um tecido. Neste caso, um urdir é a probabilidade de um bóson integrando energia magnética.

Mas, a energia do Universo foi formada pela alta velocidade de giro de uma quantidade mínima de energia; isto é, o que podemos definir como uma quantidade infinitesimal de energia eletrônica. Por este movimento, somente estes dois tipos de energia são produzidos no Universo. No mesmo nível de energia, quando uma energia eletrônica flui para cima, a próxima energia eletrônica a ser formada deve fluir para baixo.

Esta análise e sua conclusão representam o fato mais importante do pensamento universal e da história da ciência para a humanidade. Sabendo que a matéria é produzida pelo movimento da energia quando a energia está girando com grande rapidez, essa propriedade da energia nos faz passar de uma perspectiva religiosa para o raciocínio científico ao longo desta história da ciência física e cosmológica, com respeito a qualquer doutrina religiosa.

A idéia de que a massa surge do movimento da energia pode ser visualizada de forma matemática através de uma equação muito simples e a regra da mão direita. Mas, talvez, a explicação do fenômeno exija certas deduções do ponto de vista da lógica e da imaginação. Isto quer dizer que não podemos atribuir tudo ao fenômeno físico apenas usando uma expressão matemática, pois precisamos de imaginação para visualizar através da lógica como o fenômeno real aconteceu, ou seja, de uma forma física.

A lógica nos diz que, no início, havia apenas um almatrino com a quantidade mínima de energia que podemos imaginar; e essa quantidade mínima de energia começou a se mover no meio do nada. Naquele instante inaugural, o Universo começou a se formar a partir do nada. Pois, o tamanho do nada era o mesmo tamanho do almatrino; e o tamanho do nada, está adquirindo as mesmas dimensões do Universo que o Universo está se expandindo de forma crescente; e o movimento do almatrino é o que começou a gerar toda a energia que até então existia no Universo. Esta energia não deixará de ser produzida enquanto houver movimento.

Não podemos imaginar que um almatrino tenha sido criado por alguém, porque um almatrino não tem dimensões físicas mensuráveis. Ou seja, alguém muito grande não nos permitiria imaginar ou concluir as causas que motivaram essa pessoa a criar algo tão infinitamente pequeno e sem dimensões físicas como um almatrino. Se foi alguém que criou o Universo, esse alguém deve ter existido e ainda deve estar no nada, mas no nada nada nada existe.

Um almatrino representa, do ponto de vista físico, o nada absoluto. Um almatrino é apenas a quantidade mínima de energia que foi formada no nada; e a energia estará sempre em movimento porque essa é a definição de energia; ou seja, algo que se move. Deduzimos assim, porque o Universo é um sistema energético.

A quantidade mínima de energia no mundo físico é um quantum de energia que foi definido pelo físico alemão Max

Karl Ernst Ludwig Planck, a fim de relacionar matematicamente todas as variáveis envolvidas com um fenômeno energético.

Mas, a explicação do momento inaugural não implica que a energia é quantificada, mas que os níveis de energia podem ser explicados por 2 probabilidades para um evento. Isto é, -1/2 +1/2. +1/2 representa os fúmions que têm energia fluindo para cima; enquanto, -1/2 representa o fúmion cuja energia flui para baixo. Estas não são quantidades de energia quântica, mas sim probabilidades. Mas todo sistema, por menor que seja, deve ter uma quantidade mínima de energia associada a ele.

O giro de uma partícula ao seu redor foi postulado pelo físico teórico alemão Ralph Kronig, mas Wolfgang Pauli chamou ridícula a proposta de Ralph Kronig, já que a proposta de Kronig violava a teoria da relatividade de Albert Einstein. Portanto, Ralph Kronig retraiu sua proposta diante do prestígio científico de Albert Einstein e Wolfgang Pauli.

Mais tarde, Wolfgang Pauli reconheceu que Ralph Kronig estava certo, mas, se ele dividiu os valores por 2.

Portanto, a energia não é quantizada, mas o valor energético é uma probabilidade.

Wolfgang Pauli usou a observação de Ralph Kronig para declarar um postulado: não pode haver dois elétrons com todos os números quânticos iguais. É chamado o princípio da exclusão Pauli. Mas, já vimos que dois almatrinos com números quânticos iguais no mesmo nível de energia se integram espontaneamente. O princípio de exclusão de Wolfgang Pauli não tem nenhum significado físico, porque é uma probabilidade, e não podemos dar o nome de um cientista a uma probabilidade. Portanto, é necessário reescrever a ciência.

O Universo tem apenas três dimensões; portanto, não existe uma quarta ou quinta dimensão, não existe espaço-tempo; porque estas quantidades não têm sentido físico, embora possam ter um sentido matemático. Pois, podemos extrapolar estas suposições matematicamente; mas, cairemos em uma ambiguidades em algo fictício. Por exemplo, matematicamente podemos nos referir à nona dimensão ou um valor 'n'; mas uma dimensão 'n' não faz sentido físico, porque o Universo tem apenas 3 dimensões. Mais dimensões do Universo se prestam à confusão, e levam à fantasia especulativa.

O mesmo se aplica à noção de múltiplos universos, ou que por trás deste Universo existem outros universos. Há apenas um nada, e no início, os almatrinos que giram na mesma direção foram integrados. De tal forma que um número infinito de universos não pôde ser formado.

Foi um erro matemático que Albert Einstein cometeu quando mudou o conceito de um número complexo para um termo imaginário; e Albert Einstein concluiu matematicamente que a massa m_0 inicial do Universo era imaginária, o que é uma evidência de que a teoria da relatividade não pode ser usada para explicar algo real.

Na ciência, muitas vezes é melhor recorrer à imaginação do que às projeções matemáticas.

Assim, a equação de Albert Einstein e Mileva Marić não pode ser escrita de forma diferencial, pois não sabemos a que 'm' se refere nesta equação. Para Albert Einstein e Mileva Marić, a massa m_0 inicial do Universo é imaginária. Mas, já sabemos que 'm' na equação de Albert Einstein e Mileva Marić não é a massa inicial do Universo, mas que 'm' é a quantidade inicial de matéria eletrônica no Universo.

A constante de proporcionalidade não é a soma da matéria eletrônica, como no caso da equação total da matéria eletrônica de Isaac Newton. C, é o que Albert Einstein chamou de velocidade da luz; mas, podemos deduzir que, no instante inicial não havia luz, porque os fótons não tinham sido formados.

Como disse Pierre-Simon Laplace: a teoria de Deus não nos permite fazer projeções a tempo.

O mesmo vale para a equação de Albert Einstein e Mileva Marić; com esta equação de energia não podemos projetar a tempo.

Uma descrição desta busca entre ciência e religião é a feita por Napoleão Bonaparte, que não é um cientista, mas um político, mas talvez Napoleão Bonaparte estivesse procurando uma razão entre os cientistas para provar a existência de Deus. Portanto, Napoleão Bonaparte diz a Pierre-Simon Laplace:

"...dizem-me que você escreveu um grande livro sobre o sistema do Universo; mas, sem mencionar uma única vez seu criador".

E Laplace respondeu:

"...eu nunca precisei dessa hipótese".

Napoleão comentou sobre a resposta de Pierre-Simon Laplace ao matemático nascido na Itália Joseph-Louis Lagrange; mas talvez por causa de sua origem italiana, a resposta de Lagrange a Bonaparte tenha sido mais acomodatícia:

"Ah, Deus, é uma bela hipótese que explica muitas coisas".

Parece que Napoleão Bonaparte já tinha um argumento de cientista sobre a existência de Deus; assim, Napoleão Bonaparte comentou novamente a Pierre-Simon Laplace a resposta dada a ele por Joseph-Louis Lagrange, e Pierre-Simon Laplace respondeu a Napoleão Bonaparte:

"...embora esta hipótese possa explicar tudo, não nos permite prever nada".

Deduzimos que, do nada, o Universo começou a se formar, apenas por um almatrino que começou a se mover; mas, o almatrino tinha as mesmas dimensões infinitesimais do nada; portanto, podemos dizer que o infinitesimal nada começou a se mover; e pelo movimento do nada foi criada toda a energia que existia no Universo até agora.

Por rotação de alta velocidade, a energia eletrônica se tornou matéria eletrônica. O fluxo da energia eletrônica criou a energia magnética; a energia magnética condensada em massa magnética que formava a marca magnética dos espíritos.

O espaço físico foi criado para acomodar a matéria eletrônica e a massa magnética que estava se formando; pois, a fronteira do nada é infinita e cresce à medida que o Universo se expande, pois no nada há nada que se oponha ao crescimento expansivo do Universo. Foi assim que o espaço foi formado e continuará a ser formado em direção a um tamanho que está além do tempo e do espaço infinitos.

Porque não seremos capazes de chegar a um ponto final, já que o Universo cresce e forma espaço para si mesmo no centro do nada absoluto. Ou seja, o Universo cresce a um ritmo acelerado sem se mover de seu ponto inicial.

O único ponto que não está em movimento no Universo é o centro do espaço mínimo onde o Universo começou a se formar; mas, este espaço é menor que um almatrino; portanto, chegamos ao instante e ao ponto mínimo ou ao ponto inaugural onde o Universo começou a se formar. Portanto, todas as medidas que fazemos não podem ser feitas de forma relativa, mas de forma absoluta a partir do ponto zero que está no próprio centro do Universo.

Portanto, a equação que formou e ainda está formando o Universo é $Ev=m_0C^3$, porque esta equação pode ser escrita de forma integrada como: $\Delta Ev=\Delta mC^3$. $\Delta E=E_f-E_0$, $\Delta m=m_f-m_0$. Ou seja, com esta equação $Ev=m_0C^3$ poderemos saber que quantidade de energia E_f e que quantidade de matéria m_f teremos em qualquer ponto ou em um ponto final; embora o ponto final não será alcançado pelo Universo.

No que diz respeito à vida física na Terra, podemos dizer que a matéria eletrônica do corpo sem a massa magnética do espírito é sem vida, ou a matéria eletrônica sem a massa magnética não pode funcionar. A matéria eletrônica do corpo permanecerá sem vida quando não tiver a massa magnética do espírito. Quando a massa magnética for separada da matéria eletrônica do corpo físico, a massa magnética do espírito permanecerá viva; ou seja, estará consciente de sua existência e da existência de seu criador, que evidentemente é o Universo.

Assim, os espíritos, como o Universo, serão eternos para sempre. Os Espíritos, por estarem conscientes ou por se reconhecerem, reconhecem a existência do Universo; e não acharão possível a aniquilação ou a reprodução, porque os Espíritos não têm sexo.

Também não existe uma quantidade de calor em comparação com as condições iniciais do Universo, ou a quantidade de energia que pode aniquilar os Espíritos, porque o Universo, à medida que cresce energeticamente, está diminuindo em temperatura.

O Universo também não voltará a seu ponto inicial; pois, é necessária mais energia para puxar o Universo de volta; ou seja, para puxar o Universo de volta, é necessária mais energia do que toda a energia que o Universo produziu para se expandir; portanto, o Universo não será capaz de voltar a seu ponto inicial. O Universo está se movendo em direção a um ponto além do infinito.

A análise em nossos livros pertence à forma de pensamento humano; eles não são mais meus livros; os livros são seus como leitores; são livros que pertencem à memória universal da ciência. Portanto, não poderei mais me retratar da mesma forma que Galileo Galilei.

A forma como os livros são editados mudou desde o tempo dos egípcios com "O Livro dos Mortos", onde os escribas egípcios mudaram a forma como esculpiram o livro nas lápides dos faraós. Uma vez que o faraó não morreu em uma data que era óbvia; assim, os escribas tiveram a idéia de escrever a orientação contida no Livro dos Mortos em um pergaminho.

Com esta escrita, o espírito do faraó era guiado, para que o faraó não se perdesse no caminho do mundo físico para o mundo espiritual e de volta de seu mundo espiritual para o mundo físico. A idéia era que, no retorno, o faraó seria novamente o mesmo faraó; portanto, o faraó foi colocado no sarcófago com seus pertences. Mas o faraó nunca retornou para permanecer como faraó; e as pirâmides egípcias permaneceram como testemunho da história de retorno e retorno do faraó. O faraó não pode retornar para permanecer como faraó; pois, o espírito do faraó não evoluiria sendo um faraó o tempo todo.

A história conta que Isaac Newton fez correções no texto original de seu livro "Principia Mathematica".

Mas a publicação do livro continua a avançar, que começou com Galileu Galilei com seu livro "Diálogo sobre duas novas ciências".

Atualmente a edição dos livros é eletrônica, portanto será impossível retraí-la, pois se alguém comprou um livro eletronicamente, não conseguiremos editá-lo.

Como autor, represento apenas a continuidade do pensamento humano, para tentar explicar de forma científica como aconteceram os acontecimentos que deram origem ao nascimento do grande Universo. Enquanto você, como leitor, representa a continuidade do pensamento logicamente imaginado. No entanto, nenhuma religião foi capaz de explicar a origem do Universo; portanto, a explicação da religião sobre a origem do Universo será sempre baseada no místico como conseqüência do pensamento filosófico.

O único homem religioso que tentou explicar a origem do Universo foi o físico, matemático e astrônomo belga, Reverendo Georges Henry Joseph Édouard Lemaître. George Lemaître só foi capaz de formular a teoria do Big Bang; mas, esta teoria do Big Bang não nos fornece evidências sobre a origem do Universo; pois, a teoria do Big Bang não explica de onde veio a energia que aqueceu o ponto de partida, ou como uma densidade infinita de toda a matéria que contém o Universo foi formada.

Portanto, a ciência e a religião já têm raciocínio suficiente para estabelecer um parlamento definitivo; e onde cada grupo pode defender o caminho certo a ser seguido pela raça humana.

Também não poderemos agradar a Francis Bacon para demonstrar experimentalmente a existência de um almatrino; pois, nestes níveis iniciais, não há dimensões físicas. Um almatrino é a quantidade mínima de energia que liga o nada com o que é hoje o grande Universo; e, como foi dito, o Universo é um sistema energético.

A formação do Universo é o evento mais maravilhoso que aconteceu na história do nada, se pudermos atribuir um momento da história ao nada. Assim, devemos antes comemorar um dia por ano o momento inaugural do Universo com grande alegria cósmica, porque buracos negros, galáxias, estrelas, sóis, pedras, arenito, névoa, floresta, cepas, vírus, células, aves, ninhos, peixes, água, oxigênio, ar, vacas, porcos, insetos, animais de estimação, seres humanos, etc. ..., ou seja, tudo que existe e que existirá, surgiu e continuará a existir por causa da energia que emanava e da energia que continuará a emanar do movimento do grande Universo.

No momento da separação ou desconexão da matéria eletrônica do corpo físico e da massa magnética do espírito, o espírito voará para seu mundo espiritual da mesma forma que uma ave faz na Terra para escapar de seu predador. Se não puder retornar ao seu corpo físico, o espírito partirá para o seu mundo espiritual. A massa magnética do espírito só poderá retornar à Terra em forma física se for suficientemente corajosa para recomeçar, pois terá que se incorporar a um bebê e renascer como um ser humano no mundo físico.

A OBRA DO AUTOR

Formado pela Faculdade de Química, Faculdade de Ciências, Universidade Central da Venezuela, com uma licenciatura em Tecnologia Química. Pós-graduada em Ciência e Tecnologia de Alimentos. Trabalho especial sobre a química de produtos naturais e a química de doenças. Designer de processos químicos. Estes livros devem ser sujeitos a revisão à medida que nos tornamos mais claros sobre como o Universo foi formado, portanto, tente ler a última edição de cada livro. Estes livros são: "A Química do Câncer". "A Química do Diabetes". "O Ataque do Coração". "Alzheimer". "A Química da Artrite". "A Química do Pensamento". "A Química do Espírito". "Como o Universo foi formado". "Os Expensalistas". "Por que não se deve comer carne". "O mundo do micro". "Será que Deus realmente existe?". "Objeções à Relatividade de Albert Einstein". "Adivinhando o futuro". "O Erro dos Grandes Cientistas". "A Vida ao Sol". "O Universo antes do Tempo Zero". "A Energia do Espírito". "A origem do câncer". "O Mundo das Células". "A Química da Doença". "A partícula que criou o Universo". A Química do Câncer, sétima edição. The Chemistry of Diabetes sexta edição; The Chemistry of Heart Attack quarta edição, "The Chemistry of Memory"; The Chemistry of Arthritis terceira edição. "The Creative Power of the Mind (O Poder Criativo da Mente). The Particle that Formed the Universe, terceira edição. "A Massa Inicial do Universo". "Você não deve comer carne". "A Origem do Corpo e do Espírito". "Adorem o Universo". "Açúcar um Inimigo na Cozinha". "Viagem no tempo". The Chemistry of Cancer Edition 8. A Química do Diabetes, Edição 7. A Química do Ataque Cardíaco, Edição 5. The Memory of the Spirit Edition 1, The Chemistry of Arthritis Edition 5. "A Vida do Espírito". "A Ciência da

Reescrita". "O Início do Universo". "O Crescimento Espiritual". "Acoplamento do Espírito com o Corpo". "A Origem da Vida". "A morte não existe". A Química do Câncer, edição final. A Partícula que Criou o Universo, edição final. "Incorporação do Espírito ao Corpo Físico". "Eu Vim do Sol". "Doenças Preveníveis". "A Origem da Vida na Terra".

www.ingramcontent.com/pod-product-compliance
Lightning Source LLC
LaVergne TN
LVHW091119150826
845673LV00002B/894

* 9 7 9 8 3 6 8 0 4 9 4 7 2 *